나만 없어,

냥냥이

나만 없어, 냥냥이

ⓒ 해든아침 편집부, 2019

초판 1쇄 인쇄일 2019년 1월 2일
초판 1쇄 발행일 2019년 1월 7일

엮음 해든아침 편집부 **질병 감수** 하니종합동물병원
펴낸이 김지영 **펴낸곳** 지브레인^{Gbrain}
편집 김현주
마케팅 조명구 **제작** 김동영

출판등록 2001년 7월 3일 제2005 – 000022호
주소 (04021) 서울시 마포구 월드컵로 7길 88 2층
전화 (02)2648-7224 **팩스** (02)2654-7696

ISBN 978 – 89 – 5979 – 579 – 6(13490)

나만 없어,
냥냥이

해든아침 편집부 엮음
하니종합동물병원 질병 감수

해든아침

반려동물과 살아가는 반려인구 수가 이젠 1400만 명에 육박한다고 한다. 그중 가장 많은 반려동물이 강아지들이고 그 다음이 고양이다. 1인 가구가 증가하면서 고양이를 가족으로 선택하는 사람의 수는 계속 많아지고 있다.

고양이는 개들에 비해 공인된 종들이 많지 않다. 또한 동물복지에 대한 다양한 견해들이 생기면서 품종묘에 대한 생각도 많이 바뀌는 추세이다.

고양이가 가족으로 사랑받기 시작한지 얼마 되지 않았기 때문에 고양이에 대한 이해가 높은 편은 아니다. 고양이는 그냥 혼자서도 잘 놀고 잘 자고 잘 지낸다고 오해하는 사람들도 있다. 털빠짐이 너무 심해서, 생각보다 손이 많이 가서, 강아지처럼 귀여운 애교를 보여주지 않는다며 길로 내모는 사람들도 많다.

이 책에서는 고양이를 입양하기 위해 꼭 알아야 할 사항들, 그리고 고양이의 질병과 기본적인 성격을 소개하고 (고양이의 털빠짐의 정도를 정리해) 입양하기 전에 좀 더 나의 삶과 가깝게 지낼 수 있는 고양이를 선택할 수 있도록 소개하고 있다.

따라서 전 세계의 공인된 품종묘들을 모두 소개하는 것보다 우리나라 사람들이 사랑하는 고양이들을 중심으로 정리했다.

고양이들을 사랑하고 고양이와 함께 살고 싶은 반려인들에게 어떤 형태로든 도움이 되길 바란다.

해든아침 편집부

CONTENTS

내 고양이와
행복한 생활을 위해 필요한 기초 지식

우리가 사랑하는 고양이

🐟 고양이의 체형

체형	특징	고양이 종
오리엔탈 (Oriental)	V자 모양의 역삼각형을 한 작은 머리와 슬림한 체형의 몸과 긴 목, 큰 귀는 사람에 따라 매력적이거나 이질적인 인상을 준다. 대표적인 고양이로는 샴과 오리엔탈 쇼트헤어가 있다.	샴, 발리니즈, 오리엔탈 쇼트헤어, 코니시 렉스.
서브스탠셜 (Substantial)	골격과 근육이 발달한 대형 고양이의 체형으로. 야생 고양이에 가장 가깝다. 노르웨이, 시베리아 등 추운 지방에서 살아가기에 알맞은 체형으로 노르웨이숲 고양이나 시베리안이 대표적이다.	노르웨이숲 고양이, 랙돌, 메인 쿤, 버만, 벵갈, 시베리안.
코비 (Cobby)	페르시안처럼 코가 눌린 단두종으로 근육질의 둥실한 체형이다.	페르시안, 엑조틱 쇼트헤어, 맹크스, 버미즈 등.
세미코비 (Semi-Cobby)	코비와 세미포린의 중간 단계로, 아메리칸 쇼트헤어나 브리티시 쇼트헤어가 대표적인 고양이이다. 전체적으로 둥글면서 단단한 근육질의 몸과 큰 얼굴이 보스 고양이처럼 보이게 한다.	먼치킨, 봄베이, 브리티시 쇼트헤어, 스코티시 폴드, 싱가푸라, 아메리칸 쇼트헤어 등.
포린 (Foreint)	오리엔탈보다 근육질 체형을 가지고 있으며 따뜻한 곳에서 사는 동안 슬림해진 타입이다. 길쭉한 몸통과 다리, 늘씬하고 긴 꼬리를 가지고 있으며 버미즈가 대표적인 고양이이다.	터키시 앙고라, 러시아 블루, 아비시니안, 소말리 등.
세미포린 (Semi-Foreign)	살짝 둥근 V자 모양의 머리에 포린보다 더 발달된 근육질의 체형을 가지고 있다. 긴 몸통에 날씬한 몸매로 부드럽고 시원시원한 움직임을 보이는 고양이이다.	스핑크스, 아메리칸 컬, 이집션 마우, 통키니즈, 하바나 브라운 등.

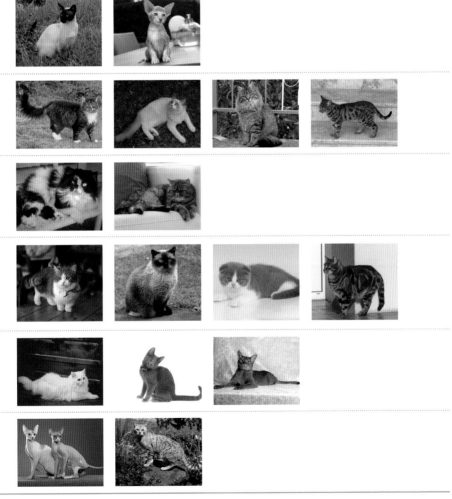

🐟 고양이의 무늬

이 책에서는 우리가 자주 보고 사랑하는 고양이들을 중심으로 소개하고 있기 때문에 고양이 도감처럼 피모의 다양한 정보, 눈동자의 컬러와 형태 등 세세한 사항까지 소개하지는 않지만 체형과 피모의 컬러, 무늬는 기본적으로 알고 있어야 할 듯해서 간략하게 소개한다.

바이컬러	흰색을 바탕으로 다른 색이 섞여 기본 두 가지 컬러로 이루어진 패턴을 말한다. 다양한 패턴이 존재하기 때문에 개성 강한 사랑스런 패턴을 보여준다.
토티	블랙이 기본이 되어 오렌지나 갈색 등 다른 색이 섞여 기본 두 가지 컬러로 이루어진 패턴을 말한다. 일정 패턴의 무늬로 개량시키는 것은 불가능하며 태어나봐야 어떤 무늬를 가진지 말 수 있다. 이는 바이컬러에게도 해당되는 특징이다.
토티 앤 화이트	토티에 화이트가 섞인 것을 말한다. 보통 삼색묘라고 하는데 삼색묘 중 레드 컬러가 섞이면 무조건 암컷이다. 몇만 분의 일의 확률로 수컷이 태어나기도 하는데 이 수컷은 번식 능력이 없다는 것이 정설이다(아예 없는 것은 아니지만 극히 희박하다).
태비	줄무늬를 뜻한다. 호랑이 줄무늬를 가지면 스프라이트 태비, 아메리카 숏헤어 등의 무늬를 가지면 클래식 태비, 이집션 마우나 벵갈과 같은 무늬를 가지면 스포티드 태비라고 한다. 그 외에도 중동지방에서는 머리와 꼬리에만 무늬가 있는 반 패턴(터키시 반이 대표적 고양이이다)을 쉽게 볼 수 있으며 아비시니안 등에게서 발견되는 아구티 태비도 있다.
포인트 컬러	샴을 떠올리면 쉽게 이해가 갈 것이다. 몸에 비해 귀, 꼬리, 네 발과 얼굴이 진한 컬러를 보여준다. 컬러의 농담은 다양하다. 머리와 사지의 끝부분이 하얗게 되는 미티드 타입도 있다. 보통 라가 머핀의 컬러라고 보면 된다.

고양이의 컬러만큼이나 무늬도 다양하다. 그리고 이 두 가지가 합해지면 더 다양한 패턴의 고양이들이 나온다. 다음은 고양이의 기본 무늬를 소개한 것이다.

 고양이의 컬러

블랙

화이트

갈색

기본 컬러인 블랙, 화이트, 갈색의 농담 정도에 따라 차이가 발생하는데 이는 돌연변이 유전자 다이류트와 한 올의 털이 위아래 색깔이 달라지는 배색 때문이다.

털 끝으로 갈수록 색이 진해지는 팃푸드, 뿌리만 흰색이거나 옅은 색일 뿐 그 외에는 진한 색을 띠는 스모크, 털 중간에서 컬러가 달라지는 셰 데드 타입들이 우리가 알고 있는 다양한 컬러의 고양이들을 만들어내고 있다.

그 외의 컬러

🐟 이 책을 보는 방법

몸무게

품종에 따른 몸무게를 소개했다. 그렇지만 반드시 이 몸무게가 정석인 것은 아니다.

 페르시안 Persian
4-8㎏

고양이의 체고나 체중을 토대로 대형묘, 중형묘 소형묘으로 나누고 색깔별(대: 초록, 중: 블루, 소: 핑크)로 표시했다.

 대형묘

 중형묘

 소형묘

148

털빠짐 하루 1번부터 일주일에 1~2회까지 품종에 따른
털빠짐 관리의 기준이다.

적다	보통	많다
일주일 1회	일주일 2회	하루 1번

고양이계의 귀부인이 별명

오랫동안 전 세계에서 사랑받는 대표적인 고양이이다. 아름답고 풍성한
피모와 우아한 자태가 고양이계의 귀부인이란 별명을 갖게 했으며 얌전한
성격과 코비 체형이 갖는 동글동글한 얼굴은 친근감을 더해준다.

하루 한번 이상 부드럽게 빗질해주어야 하며 그렇게 해주지 않으면 털이
뭉쳐 피부에 좋지 않은 영향을 주게 된다. 또한 비강이 짧은 얼굴 구조는 호
흡기 질환을 불러온다. 좀 더 자세한 내용은 페르시안 친칠라를 참고한다.

페르시안 149

care data

쉽다: 5개   어렵다: 1개

초보자가 기르기 쉽다
종합적인 상황을 고려했다.

건강관리가 쉽다
유전 질환, 다양한 질환 등을 고
려했다.

사회성이 많다
반려인뿐만 아니라 다른 반려동
물과의 친화성을 고려했다.

피모 손질이 쉽다
피부 질환, 털 빠짐을 고려했다.

내 고양이와

행복한 생활을 위해
필요한 기초 지식

내 고양이를 만나는 방법

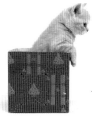

고양이는 귀엽고 사랑스럽고 손이 많이 가지는 않지만 그럼에도 애정과 관심을 필요로 하는 생명이다. 따라서 함께 생활하는 가족의 입양의사 등 의견이 중요한 만큼 고양이 입양 전에 가족과 충분히 상의한 후에 결정하기를 바란다.

우리나라에서 고양이를 입양하는 방법은 다음과 같다.

1) 브리더나 펫샵을 통한 입양

강아지처럼 고양이도 모유 수유를 통해 항체를 충분히 받을 수 있도록 최소 3개월 이상은 엄마 고양이 곁에서 생활한 고양이를 입양해야 한다. 하지만 펫샵이나 일부 동물병원에서 분양하고 있는 고양이들 중에는 사람들이 가장 귀엽게 여기는 1개월 이상 3개월 미만밖에 안 된 고양이들이 있다.

새끼 고양이들은 태어나서 3개월까지 앞으로의 삶을 위한 많은 준비를 한다. 모유 수유를 통해 항체를 받아들이고 형성하는 것뿐만 아니라 엄마 고양이, 형제 고양이들과 놀면서 사회화를 배운다. 다양한 놀이와 세상에 대한 호기심, 물고 뜯는 정도가 어디까지 가능한지를 배우는 등 삶에 필요한 유용한 정보를 습득하는 것이다.

실제로 처음 같이 살게 된 새끼 고양이는 어떻게 다뤄야 할지 몰라서 손으로 놀아주고 오랫동안 원하는 대로 해주었더니 만 16살이 지난 지금도 원하는 것이 생기면 살짝 손이나 팔목을 이빨로 물어서 의견을 전한다. 그에 비해 구조한 새끼 고양이는 지난 1년 동안 성묘들과 놀며 사회화를 거치면서 물거나 발톱을 세우는 경우가 없었으며 유대감과 관계성도 더 안정적인 모습이다.

이처럼 초기 3개월은 고양이의 건강뿐만 아니라 다방면에서 아주 중요한 시기이므로 귀엽고 사랑스러운 모습을 선택기준으로 하기 전에 앞으로 함께 지낼 15년~20년을 떠올리며 무엇이 더 중요한지 판단하기를 바란다.

2) 가정묘 입양

고양이와 함께 사는 사람들은 대부분 중성화를 시킨다. 중성화의 장점을 배우기 때문이다. 하지만 피치 못할 사정(구조한 유기묘가 임신 중이었다거나 하는 등)이나 사랑하는 고양이의 2세를 보고 싶

어 출산을 선택하는 반려인들도 있다.

이런 환경에서 태어난 새끼 고양이들은 충분히 사랑받고 안정적인 환경에서 자랐을 것이라는 믿음 아래 가정묘를 입양하는 사람들이 많다.

그런데 모두가 이런 선한 마음인 것은 아니다. 사람들의 이런 심리를 이용한 브리더들도 있다. 따라서 진짜 가정묘를 입양하고 싶다면 3개월령 이상의 새끼 고양이인지, 자주 입양 공지가 올라오는지 신중하게 확인해보고 입양하기를 바란다.

3) 유기묘 입양

사람이 누구나 다르듯이 고양이들도 모두 다르다. 혼자 있는 것을 좋아하거나 고양이는 싫어하지만 사람은 좋아하는 고양이, 사람이든 고양이든 상관없이 모두에게 상냥한 고양이, 개냥이라고 불러도 손색없는 애교 많은 고양이들도 있다.

이런 다채로운 성격의 고양이들 중에서 혹시 키우고 싶은 타입이 있다면 유기묘 보호센터를 추천한다. 그곳에서 다양한 고양이들을 만나보면서 고양이들의 성격을 파악하고 생활환경을 고려해 함께 하고 싶은 고양이를 선택해보는 것도 좋은 방법일 것이다.

사람에게 인연이 있듯 고양이와도 묘연이 있다고 한다. 또 보통 고양이가 집사를 선택한다는 이야기도 들어보았을 것이다. 유기묘나 길고양이를 돌보다 보면 구조하고 싶은 아이 대신 전혀 뜻밖의 고양이를 입양하게 되는 경우가 종종 있었다. 키우라고 따라다니거나 가방이나 봉지 안에 들어가 그대로 들고 오게 된 경우였다.

일반적으로 강아지와 같은 애교가 없다고 생각하지만 고양이는 가족에게만 쏟는 애정이 각별하다. 그리고 유기묘들은 이미 그 애정을 쏟는 방법들을 알고 있다. 반려묘와의 시작을 이곳에서 시작해보는 것은 어떨까?

어린 고양이는 어린 고양이대로, 성묘는 성묘대로 많은 장점과 사랑스러움을 선물할 것이다.

내 고양이와 함께 살기 위한 마음가짐

고양이는 인류가 농사를 짓기 시작하면서부터 사람과 살기 시작했다고 한다. 쥐나 뱀으로부터 식량과 생명을 지키기 위해 고양이와 함께 사는 삶을 선택한 것이라고 한다. 그리고 수천 년이 흐른 지금

고양이는 사람들이 가장 사랑하는 반려동물이 되었다.

사육묘에서 반려묘로 위치가 바뀐 것이다. 동시에 반려묘를 위한 사료와 간식, 질병 치료 즉 의료 혜택을 보게 되면서 수명도 늘어 최근에는 15~20년 정도 사는 것도 가능하다고 한다. 오랜 세월 우리 곁에서 가족으로의 삶을 살게 된 것이다.

우리는 사랑스런 이 가족을 위해 다양한 노력을 한다. 쾌적하고 좋은 환경, 좀 더 좋은 사료, 맛있는 간식과 영양제 등등 지갑이 허락하는 한에서

해줄 수 있는 것들을 생각한다.

그런데 이 모든 것에 우선해서 우리가 명심해야 할 것이 있다. 인간의 시선으로 고양이를 봐서는 안 된다는 것이다.

사실 고양이는 영리하지만 단지 마음이 내키지 않으면 안 하려고 하기 때문에 교육이 힘들다는 것이 정설이다. 그런데 호기심 많은 성격을 이용한다면 충분히 교육이 가능하다. 그리고 이를 소개하는 놀이 방법 도서들이 있다.

《고양이와 함께 하는 행복한 놀이 방법》은 교감을 통해 교육할 수 있는 고양이 맞춤형 놀이 방법들을 소개하고 있다.

어쩜 우리가 조금만 달리 생각하고 고양이와 교감한다면 악수하는 고양이 또는 벨 누르는 고양이를 만날 수도 있다. 사실 당신이 고양이를 교육시키는 것이 아니라 고양이가 당신을 교육시키는 것일 수도 있지만 말이다.

내 고양이 입양 전 준비해야 할 물품

갑자기 집사로 선택되지 않은 이상 고양이 입양 전에 필요한 물건들은 다음과 같다.

밥그릇과 물그릇

고양이는 턱드름이 생기기 쉽다. 따라서 턱을 더럽히지 않고 편하게 먹을 수 있는 그릇과 물그릇을 준비하자.

예쁘고 다양하고 편한 시판용 밥그릇, 물그릇들을 구입해도 좋고 집에서 사용하지 않는 대접이나 국그릇 등 유리그릇 또는 사기그릇을 사용해도 된다.

이때 물그릇은 되도록 넓고 오목한 투명 유리그릇이 좋다. 고양이는 음수량이 중요하다. 방광염을 비롯해 많은 질병이 음수량에 영향을 받게 된다. 따라서 새끼 고양이일 때부터 물 마시는 모습을 보면 적극적으로 칭찬해 물 마시는 즐거움을 알게 하자. 칭찬은 고래만 춤추게 하는 것이 아니라 고양이도 행복하게 한다.

고양이는 1kg당 50cc의 물을 마셔야 하는데 사실 제 몸무게에 맞는 물을 마시는 고양이는 많지 않다. 길고양이들의 수명이 짧은 이유 중에는 충분히 섭취해야 할 물을 마실 수 없어 신장 등이 나빠지는 것도 있다고 한다.

화장실

고양이 화장실은 종류가 다양하다. 모래의 형태에 따라 선택할 수 있는 화장실의 범위가 넓으며 생활환경과 내 고양이의 습성을 고려해서 고르면 된다. 가격도 천차만별이며 반기계식 화장실까지 다양한 형태를 선보이고 있다. 굳이 고양이 화장실을 구입하지 않고 다이소 같은 곳에서 큰 리빙박스를 구입해 모래를 깔아주는 방법도 있다.

화장실을 구입할 때는 꼼꼼하게 사용 후기를 살펴보고 집안 어디에 고양이 전용 화장실을 둘 것이를 고려해 구입해야 한다. 한두번은 실패해 다시 구입해야 할 수도 있다.

고양이 화장실은 바람 잘 통하고 고양이가 좋아하는 장소가 좋지만 가족에게도 피해가 가지 않는 장소를 선택해야 한다.

고양이 모래 종류

- 벤토나이트 모래는 고양이가 볼일을 보면 굳어서 삽으로 떠내면 되는 형태이다. 모래와 비슷해 고양이가 가장 선호하는 형태이지만 벤토나이트 모래가 날려 사막화를 만들 수 있으므로 이를 고려해야 한다.
- 벤토나이트 형태의 친환경 모래로 옥수수모래, 두부모래, 쌀모래 등등 좀 더 안전한 형태의 모래도 있다.
- 목재를 채취하고 남은 부산물을 가루로 만든 후 잘게 압축해 놓은 펠렛 형태도 있다. 고양이가 오줌을 싸면 단단한 알갱이가 풀어져 가루가 된다. 한두 마리와 함께 산다면 화장실에 버리는 것도 가능하지만 쓰레기봉투에 모아 버리는 것을 권한다.
- 홍화씨 모래를 사용해 오줌은 오줌통에 모이도록 하거나 강아지용 배변패드처럼 배변패드를 깔고 거름망 같은 중간층에 전용 모래 또는 홍화씨를 뿌려두는 형태도 있다.
- 이 외에도 고양이 모래의 세계는 넓고 다양하다. 따라서 쇼핑의 즐거움을 안다면 고르는 재미를 경험하게 될 것이다.

케이지

원룸에서 키우게 된다면 케이지가 있으면 좋다. 영역동물인 고양이에게 온전한 자기만의 장소를 주기 위해서이다. 넓지 않아도 되지만 높이는 2단에서 3단 정도가 되면 좋다. 고양이는 오르락내리락을 좋아하기 때문에 충분히 즐거워할 것이다. 3단 정도가 된다면 1단에는 화장실, 2단에는 쉴 곳, 3단에는 잘 곳을 만들어주는 것도 방법이다. 하지만 가두는 용도로 쓰지는 말자. 자유를 사랑하는 고양이에게 쉴 곳이 필요한 것일 뿐 인간의 욕심을 위해 가두는 것은 스트레스를 유발해 건강을 해칠 위험이 있다.

이동장

바야흐로 반려동물의 시대이다. 따라서 다양한 장난감만큼이나 이동장도 실용적이고 튼튼하며 예쁜 시제품들이 많다. 내 고양이의 체형과 성격, 몸무게 등을 고려해 튼튼하고 예쁜 것을 골라보자.

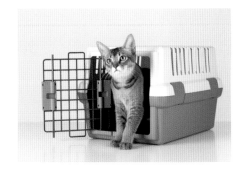

전용쿠션

시제품 중에서 고르거나 더 이상 필요 없는 이불, 두툼한 옷을 이용해 방석을 만들어도 좋다. 낙천적인 우리의 고양이는 방석이란 그 자체만으로 행복해 할 것이다. 그리고 사실 고양이는 택배 상자 만으로도 충분히 행복하다.

일상생활 속 관리 용품들

빗

장모종이라면 크롬빗, 솔 브러시, 슬리커 브러시를 모두 구비해두는 것이 좋다. 오버코트, 언더코트 등 이중 모를 가진 고양이라면 주에 2회 이상 은 부드러운 빗질을 해주는 것이 피부 건강과 털날림으로부터 가족 모두  를 지키는 방법이다. 털갈이 시기에는 하루에 1~2회 정도씩 부드럽게 빗질을 해주어야 쉼 없이 빠지는 털들로부터 어느 정도 해방될 수 있다.

슬리커 브러시는 날카로운 만큼 자주 사용하기보다는 털갈이 시기에 잠깐 사용하거나 금속으로 된 빗 말고 다른 종류의 빗이 있다면 그 제품을 구입해 사용하는 것도 방법이다.

단모종은 크롬빗 정도로도 관리가 가능하다. 가늘고 촘촘한 면과 좀 더 간격이 넓은 면을 동시에 가지고 있는 크롬빗이 있으니 확인해서 구입하자.

발톱깎기

가위형 발톱깎이와 길로틴형 발톱깎이가 있다.

고양이 발톱은 자칫하면 가족을 상처 입힐 수 있으며 고양이 자신에게도 상처를 입힐 수도 있다. 따라서 일정하게 자라면 잘라주는 것이 좋다.

고양이 발톱을 보면 뾰족한 부분 중 혈관이 보이지 않는 윗부분을 조금씩 잘라주면 된다. 자주 잘라줘야 하는 것이 귀찮아 바싹 자르게 되면 혈관을 건드려 피를 볼 수도 있으니 번거롭더라도 윗부분을 조금씩 자르자. 또 너무 바싹 잘라 고양이에게 발톱 자르는 것이 고통이 되면 발톱 자르는 것을 싫어하게 되어 억지로 발톱을 자르려고 하다 보면 고양이가 화를 내며 물 수도 있다. 따라서 발톱 자르는 것은 신중하게 천천히 진행하는 것이 좋다.

고양이 발톱 자르는 방법

고양이가 좋아하는 트릿이나 작은 간식을 먼저 하나 준 후 발톱을 하나 자른다.

자른 후에는 다시 간식을 하나 준다.

이 방법을 되풀이하면서 발톱을 자르면 좋은 일이 생긴다는 것을 인지시

킨다.

하루에 발톱 하나씩 진행해도 되고 2~3개씩 진행해도 된다.

발톱 깎는 것에 거부감이 없는 고양이도 있다. 그때는 발톱을 모두 자르고 간식을 주는 것도 방법이다.

이렇게 해서 발톱 깎는 시간을 즐길 수 있게 되면 간식 없이도 자를 수 있다. 이는 강아지 발톱 깎기에도 이용하는 방법이다.

목욕

단모종은 깨끗한 수건을 물에 적셔 가볍게 닦아주는 것으로도 관리가 충분하다. 더러워진 부분은 그 부분만 목욕시켜도 된다.

장모종은 봄에서 여름으로 건너갈 때와 여름에서 가을로 바뀔 때가 털갈이 시기이므로 이 시기에는 한 번씩 해주고 더러워졌을 때도 해주면 된다. 보통 2~3달에 한 번씩 하고 더러워진 부분만 샴푸를 해줘도 된다. 겨울에는 감기에 걸릴 수도 있으므로 목욕은 가급적 안 하는 것이 좋다.

샴푸는 여러 종류가 있는데 성분을 확인한 후 고양이용 저자극샴푸로 씻어준다(사람 샴푸는 ✗).

40도 정도의 물을 받아 미리 거품을 내둔다.

38도 정도의 물로 몸을 적신 후 미리 거품을 내둔 샴푸로 씻어준다(팔꿈치를 넣어봤을 때 따뜻한 정도의 온도이다. 뜨거우면 ✗).

마사지빗을 이용해 피부 구석구석을 씻긴 후 다시 38도의 물로 헹궈준다.

샤워기 소리를 무서워할 수 있으므로 물들은 미리 준비해두는 것도 방법이다.

목욕을 시킬 때는 귀에 물이 들어가지 않도록 조심해야 하며 얼굴은 물을 묻힌 손으로 닦듯이 씻어준다.

마른 수건을 여러 장 준비해두었다가 구석구석 가볍게 마사지하듯이 살살 닦으며 물기를 말려준다.

헤어드라이기를 사용해 말려주는 방법도 있지만 소리에 민감한 고양이가 무서워할 수 있으므로 마른 수건으로 충분히 말려주는 것이 나을 수도 있다.

귀 청소

고양이는 평소에는 귀가 깨끗하다. 그런데 면역력이 떨어지면 귓속이 지저분해지므로 이때는 이어클리너로 귀 청소를 해주면 된다. 하지만 잘못하면 오히려 귀를 다칠 수도 있으니 동물병원에 가서 건강검진 겸 귀를 청소하는 것이 바람직하다.

내 고양이를 위한 사료 선택

고양이는 미식가다. 17년 동안 20여 마리와 살면서 확실하게 느낀 것은 정말 맛에 민감한 미식가지만 한편으로는 편식쟁이이기도 하다는 것이다.

고양이와 처음 살기 시작한 초기에는 어떤 사료든 잘 먹으면 좋은 것이라고 생각했다. 그러나 지금은 나이와 환경, 정기검진을 통한 몸 상태를 고려한 사료를 선택하고 있다.

고양이들마다 체질이 다르고 앓고 있는 질병이 다르며 나이가 다르기 때문에 꼼꼼히 체크하며 구입해야 한다. 신장 전용 사료, 장 종합식, 식이알러지케어용 사료, 노묘용 사료, 결석 치료용 사료, 예방용 사료 등 목적은 다양하다.

고양이 사료는 한 종류만 주는 것보다는 6개월, 1년 단위로 바꿔가며 다양한 맛을 경험하게 해주는 것이 좋다. 사료마다 성분이 조금씩 달라 편식을 예방하고 영양학적으로 좀 더 균형을 맞추기 위해서이다.

이곳에 소개하는 사료 선택 방법은 꼭 체크해야 할 기본 사항들을 소개한 것이다.

사료는 제조방법에 따라 세 가지 종류가 있다.

1) 가장 쉽고 안전하며 편리한 건사료

2) 습식 또는 반건식 푸드

3) 직접 만들어 먹이는 화식 또는 생식

1) 건사료

건사료는 편하다. 이미 영양학적으로 균형을 이루고 있어 좀 더 안전하게 먹일 수 있다. 그리고 정말 다양한 제품들이 나와 있다.

따라서 건사료는 다음과 같은 사항을 확인하며 고른다면 내 고양이의 건강을 케어할 수 있을 것이다.

몸무게에 따른 급여량을 표시하고 있다.

인도어 7⁺는 급여할 나이대를 알려준다.

제품명	인도어 7+	
등록번호	EEGQ70124호	
명칭/형태	애완 큰(어른)고양이 사료 65호 / 사출성형(익스트루젼)	
용도	생후 7세이상	
등록성분	조단백 25%이상, 조지방 11%이상, 칼슘 0.70%이상, 인 0.55%이상, 조섬유 4.8%이하, 조회분 7.6%이하, 수분 7.0%이하	
주원료	마이즈, 탈수 가금육, 보리, 마이즈 글루텐, 밀, 식물성 단백질 분리물, 동물성 지방, 마이즈 글루텐, 가수분해 동물 단백질, 식물성 섬유소, 사탕무 펄프, 마원칠, 콩 오일, 효모, 생선 오일, 프락토-올리고당, 치커리추출물, 씨, 가수분해 갑각류 (글루코사민의 원료), 금잔화 추출물 (루테인의 원료), 가수분해 연골 (콘드로이틴의 원료)	
주의	반추가축에게 급여하지 마십시오. 직사광선이 닿는 장소 및 해충이 있는 장소를 피하여 서늘하고 건조한 장소에 보관하여 주십시오.	
유통기한	뒷면 하단에 표시(일·월·년 순서로 표기)	
제조일자	유통기한으로부터 18개월 전	
중량	포장지에 별도 표기	
제조공급원	ROYALCANIN SA. 원산지: 프랑스	
수입판매원	로얄캐닌코리아 전라북도 김제시 백산면 부거리 1547	
고객상담실	080-041-5161 www.royalcanin.co.kr	

본 제품은 공정거래위원회 고시 소비자 분쟁해결기준에 의거, 정당한 소비자의 피해에 대하여 교환 또는 보상받으실 수 있습니다.

등록성분과 주원료, 유통기한, 고객상담실을 꼭 확인하자.

사료에 들어간 원재료명이 명확한가!

사료의 원재료를 살펴보면 소고기, 양고기, 닭가슴살, 오리고기 등등을 시작으로 다양한 재료들을 나열하고 있다. 그런데 저급사료는 가금류 등으로 명확한 성분을 밝히지 않는다든지 동물성 단백질보다 식물성 단백질이 먼저 언급되어 있기도 한다. 굳이 비싼 오가닉이 아니어도 된다. 대신 성분은 명확하며 자연산 원재료명이 들어간 제품들이 고양이의 건강을 위해선 더 적합하다.

유통기한은 넉넉한가

보통 구입한 사료는 얼마만에 다 먹는지 기억해서 사료의 유통기한을 지킨다. 대용량이 가격이 싸기는 하지만 몇 달 동안 먹인다면 공기와 접촉한 사료는 산패가 진행되면서 맛도 나빠지고 유통기한을 넘길 수도 있다. 또한 장소가 나쁘다면 오염도 걱정해야 한다. 건사료라고 해서 완전한 건조식이 아니라 10% 내외의 수분을 포함하고 있기 때문이다.

미식가 고양이들을 위해 달에 한 번씩 사료를 구입해 신선한 사료를 먹이자. 사실 사료값이 병원비보다 싸다. 이 점을 잊지 말자.

영양 성분을 확인하자

나이에 맞는 사료들이 존재하지만 이 점을 기준으로 사료를 구입할 수는 없다. 식이알러지성 장애가 있을 수도 있고 신장이 나쁠 수도 있으며 췌장이나 심장이 나쁠 수도 있다. 신장이 나쁜데 칼슘 결석도 있을 수 있다. 인 성분이 극도로 낮아야 하거나 칼슘 성분, 지방 성분, 단백질 성분이 낮아야 하는데 이런 점들을 확인하며 사료를 구입해야 하기 때문에 영양 성분 표시는 무척 중요하다.

새끼 고양이에게 맞는 성분부터 지방간과 콜레스테롤을 염려하거나 치석을 걱정해야 하는 고양이들도 있으므로 이 또한 고려의 대상이 될 것이다.

반려인이 애정을 가지고 관리하는 만큼 내 고양이의 건강과 장수도 높아질 수 있다는 것을 기억하자.

상담실 전화번호가 있는가

사료에 대한 자신이 있다면 언제든지 소비자 상담을 해줄 것이다. 유명사료도 성분이 문제가 되어 리콜 사태 등이 있었다. 궁금한 것은 직접 전화해서 물어봐야 할 순간이 있을 수 있는 만큼 상담실 전화번호가 있는지 확인하자. 수입 사료라면 수입업체에 전화하거나 본사로 메일을 보내는 것도 방법이다.

2) 습식 또는 반건식 푸드

습식 사료나 반건식 사료는 맛있다. 미식가 고양이들이 선호하는 종류이다. 흡수도 빠르기 때문에 소화기가 약한 고양이들에겐 좋은 대안이 되어줄 것이다. 단 치아가 약한 고양이들에겐 치주염이 더 빨리 올 수 있다. 그리고 가격이 좀 더 비싸다.

평소에는 건사료를 먹이고 간식이나 약을 먹일 때 등 상황에 따라 습식 사료나 반건식 푸드를 먹이는 방법도 있으니 반려인이 선택하면 된다.

3) 화식 또는 생식

화식 또는 생식을 하면 아름다운 피모와 건강한 고양이를 만날 수 있다는 후기들을 본다. 화식 또는 생식을 먹여야 하는 이유가 있어 선택하는 사람들도 있고 시간과 노력이 들지만 맛있는 것을 먹이고 싶어 선택하는 사람들도 있다. 그런데 먼저 생식 또는 화식을 선택했던 영국과 프랑스에서는 오염이 적었던 과거와 많이 달라진 현재 환경과 오랜 시간의 데이터가 축적된 결과, 생식은 권하지 않으며 충분한 물과 함께 건사료를 권장하고 있다고 한다.

같은 레시피로 만든 생식은 영향의 불균형을 초래할 수 있으며 선택한 재료가 오염되어 있거나 요리 과정에서 오염될 수도 있기 때문이다. 그에 비해 화식은 오염

도가 낮지만 여전히 영향 불균형을 초래할 수 있고 선택한 재료가 몸에 어떤 영향을 미칠지 모르기 때문에 데이터가 명확한 건사료가 안전하다는 의견이다.

단 가끔 특식으로 화식을 만들어 같이 즐기는 것은 고양이나 사람 모두에게 행복한 시간을 선물해줄 것이다.

고양이의 질병

고양이는 자존심이 강한 동물이다. 아파도 아픈 내색을 하지 않고 아무렇지도 않은 척한다. 때문에 고양이가 아픈 것을 알게 되었을 때는 돌이킬 수 없을 정도로 병이 진행된 경우가 많다.

이와 같은 뼈아픈 상황을 겪지 않기 위해서는 평소에 내 고양이의 습관과 식사량, 물 섭취량, 화장실 사용을 체크해두는 것이 좋다. 매일 기록하는 것은 쉽지 않을 수도 있으니 몸무게, 물 섭취량, 식사 유무, 화장실 사용(대소변 따로)을 표로 만들어 문 앞이나 어딘가에 붙여 놓는 것도 방법이다.

몸무게는 최소 일주일에 1번씩은 체크하도록 한다. 고양이의 몸무게 1kg은 인간의 몸무게 16kg과 같다. 평균몸무게에서 갑자기 빠진다면 바로 검진 받는 것이 좋을 것이다.

화장실을 매일 체크하는 것도 질병 예방에 큰 도움이 된다. 너무 자주 들

락거리는 것은 방광염이나 요로결석을 의심해볼 수 있으며 오줌색이 달라지거나 변에 피가 묻어 있다거나 지나치게 무른 변을 보는 것도 관찰 대상이다.

평소 이상으로 갑자가 물 섭취량이 늘었다면 의사와 상담해보는 것이 좋다. 하루 정도는 굶을 수도 있지만 작은 몸에 여러 날 굶으면 바로 소화기관에 영향을 주므로 먹는 사료양도 체크해두는 것이 좋다.

모든 질병은 대부분 전조가 있다. 그걸 알아차리는 방법은 평소 내 고양이를 얼마나 잘 알고 관찰했느냐에 따라 달라질 수 있다. 항상 마중 나와 있던 고양이가 어느 날부터 숨어 있다거나 사료를 먹을 때마다 한숨을 쉬거나 조금 먹고 그만둔다거나 하는 등은 병이 진행되고 있다는 신호일 수 있다.

1년에 한 번씩 하는 정기검진은 아까운 비용이 아니라 사람으로 치면 4년에 한번 있는 정기검진이고 미리 병을 찾아낼 수 있는 기회이기도 하니 꼭 하도록 하자.

정기검진은 피검사와 x-레이, 초음파를 기본으로 하면 좋다. 특히 나이가 많은 고양이일수록 정기검진을 잊지 말자.

봄가을은 파보바이러스부터 다양한 고양이 전염병이 창궐하는 시기이다. 때문에 길고양이를 돌보고 있는 사람들 중 친한 길고양이가 있어 만지게 된다면 꼭 비누로 깨끗하게 씻은 후에 내 고양이를 만지도록 하자. 뒤늦은 후회보다는 미리 예방하는 것이 좋다.

톡소플라즈마 등 인수공통감염증은 고양이에게서만 전염되는 것이 아니다. 집에서 살고 있는 고양이보다는 우리가 먹는 돼지고기를 비롯해 다양한 매개체가 존재한다.

그리고 고양이에게 물리면 무조건 병원에 가서 제대로 치료받아야 한다. 고양이나 강아지의 이빨에는 많은 세균이 살기 때문에 자칫잘못하면 위험할 수 있는 만큼 꼭 병원에 가서 주변 소독과 약을 처방받도록 한다.

고양이의 수명이 늘어난 만큼 과거에는 몰랐던 질병이 나타나고 있다. 우리와 같은 질병을 고양이들 역시 앓을 수 있기 때문에 고양이 질병사전 등을 한 번씩 읽어볼 것을 권한다. 도움이 될 것이다.

우리가 사랑하는
고양이

노르웨이숲 고양이

5~10kg

당당함 속의 상냥함

노르웨이의 혹독한 겨울을 지낼 수 있도록 최적화된 방수성 중장모는 목 주변에 풍성한 갈기를 더해 당당한 아름다움을 보여준다. 순백의 피모를 가진 노르웨이숲 고양이에 한해 파란색 눈도 순종으로 인정받지만 그 외에는 파란색을 제외한 모든 컬러의 눈동자를 가지고 있다.

상냥하고 사람에게 친화적인 성격이다.

잘 뭉치는 털은 아니므로 주 1~2회 정도의 빗질로도 충분하다.

털빠짐	걸리기 쉬운 질병	care data	초보자가 기르기 쉽다	건강관리가 쉽다
많다	곰팡이성 피부 질환, 모구증		사회성이 많다	피모 손질이 쉽다

랙돌

7~10kg

Ragdoll

에메랄드 빛 눈과 인형 같은 외모의 소유자

고양이 중에서는 대형묘에 속하며 10kg을 넘는 경우도 있다. 매우 얌전한 성격에 부드럽고 풍성한 피모와 아름다운 푸른 눈과 그림 같은 모습으로 봉제인형이라는 뜻의 렉돌이라는 이름을 가지게 되었다.

사람을 정말 좋아해서 마중냥이를 원한다면 렉돌이 제격일 것이다. 하지만 풍성하고 아름다운 털 관리를 하기 위해서는 반려인의 부단한 노력이 필요하다. 고양이는 피부가 약한 만큼 렉돌에게 맞는 빗으로 하루 1번 정도는 부드럽게 털을 관리해주어야 하며 털빠짐이 심하기 때문에 이 또한 각오해야 한다.

사람을 잘 따르고 순한 만큼 정석적인 방법으로 목욕을 시킨다면 목욕도 쉬운 편에 속한다.

털빠짐	걸리기 쉬운 질병	care data		
많다	관절 질환, 모구증		초보자가 기르기 쉽다	건강관리가 쉽다
			사회성이 많다	피모 손질이 쉽다

씰 미티드 포인트

러시안 블루

4~8kg

Russian Blue

블루 컬러와 초록빛 눈이 아름다운 이상적인 반료묘

이름 그대로 오직 블루 컬러만 존재하는 에메랄드 눈동자의 우아한 고양이. 러시안이란 이름에서 알 수 있듯이 러시아 출신이지만 품종 데뷔는 유럽 브리더들의 노력으로 이루어졌다.

온화하고 수줍은 성격에 예민미를 더한 아름다운 인기묘이다.

추위에 강하며 변종으로 장모종이 태어나기도 한다. 러시안 블루 장모종은 니벨룽이라고 한다.

털빠짐	걸리기 쉬운 질병	care data		
많다	심장질환 (왕성한 식욕이 원인)		초보자가 기르기 쉽다	건강관리가 쉽다
			사회성이 많다	피모 손질이 쉽다

먼치킨

먼치킨 롱헤어

동장단족이 주는 귀여움과 낙천적 성격이 매력

최근 가파른 인기를 누리고 있는 인기묘이다. 짧은 다리와 긴 허리가 닥스훈트를 연상시키지만 운동능력도 좋고 건강하며 천하태평의 낙천적 성격을 가진 귀염둥이이다. 사람이 안아주는 것을 좋아한다.

먼치킨 특유의 성격들이 있다고 하는데 까치처럼 물건을 숨긴다는 사람도 있다.

먼치킨 롱헤어는 롱헤어묘들의 특징인 우아함에 짧은 다리가 보여주는 개그스러움이 함께 공존한다.

먼치킨답게 사람이든 동물이든 상관없이 친구를 좋아한다.

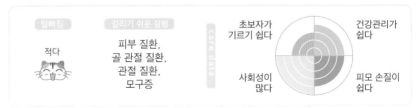

털빠짐	걸리기 쉬운 질병	care data
적다	피부 질환, 골 관절 질환, 관절 질환, 모구증	초보자가 기르기 쉽다 / 건강관리가 쉽다 / 사회성이 많다 / 피모 손질이 쉽다

메인 쿤

7~10㎏

Maine Coon

고양이계의 거인

복슬복슬한 꼬리가 미국너구리처럼 보여서 메인 주의 미국너구라는 뜻을 가진 메인 쿤이 되었다.

장모종이지만 털길이가 들쑥날쑥하며 자연발생종이기 때문에 건강하고 활동적이다. 가정에서 쥐를 잡는 임무를 수행하다 반려묘로 사랑받게 되었다. 온화하고 애교스런 성격에 아름다운 외모를 보여주고 있어 전 세계적인 인기종이다.

털빠짐
많다

걸리기 쉬운 질병
모구증,
요로결석

care data

초보자가
기르기 쉽다

건강관리가
쉽다

사회성이
많다

피모 손질이
쉽다

버만

Birman

푸른 눈과 포인트 컬러가 매력적인 샴의 사촌

버마의 신성한 고양이란 뜻에서 유래했다. 샴과 비슷하지만 컬러가 더 진하다. 더 튼실한 몸에 둥근 머리와 푸른 눈을 가지고 있다.

세미헤어부터 롱헤어까지 다양한 길이의 털을 가지고 있으며 영리하고 호기심이 많으며 노는 것도 좋아하고 주변환경 변화에도 관심을 갖지만 상냥한 성격도 갖고 있다.

버만의 또 다른 특징으로는 샴처럼 네 발목과 얼굴, 귀와 꼬리는 컬러가 다르지만 네 발끝은 하얀 양말을 신은 듯한 모습이다.

전설에 의하면 라오퉁 사원에서 여신을 모시던 승려가 습격으로 사망하자 여신이 이 승려의 영혼을 그곳에서 키우고 있던 하얀 고양이에게 넣는 과정에서 사파이어색 눈과 황금색 컬러를 갖게 되었으며 승려의 몸이 닿아 있던 발만이 원래의 흰색 그대로 남아 있다는 설과 승려가 사망하자 사파이어색 눈을 가진 황금색 여신이 고양이 몸에 들어가 남은 승려들을 독려해 싸움을 치렀다는 설이 있다.

털 관리는 빗질로도 가능하다.

털빠짐 : 많다

걸리기 쉬운 질병 : HCM(심장 비대증)과 유전 질환 합병증

care data
초보자가 기르기 쉽다
건강관리가 쉽다
사회성이 많다
피모 손질이 쉽다

벵갈

5~10kg

자립심 강한 예민미가 매력!

야생 벵갈 고양이와 집고양이 사이에서 태어난 고양이로, 야생 벵갈 고양이의 공격성을 제거하기 위해서 복잡한 과정을 거쳤다. 조상의 피를 물려받아 자립심이 강하고 환경의 영향을 많이 받으며 예민한 성격을 가지고 있다. 하지만 벵갈 특유의 무늬와 성격을 매력으로 생각하는 사람들이 선호한다.

벵갈 특유의 아름다움에 사로잡혀 키우고 싶을 수도 있지만 초보자에게 적합한 고양이는 아니다.

털빠짐	걸리기 쉬운 질병	care data		
적다	HCM(심장 비대증) 유전 질환과 합병증, 백내장, 스트레스성 질환 등		초보자가 기르기 쉽다	건강관리가 쉽다
			사회성이 많다	피모 손질이 쉽다

브리티시 쇼트헤어

British Shorthair

4~8kg

빵빵한 뺨과 보스 같은 동그란 얼굴이 매력

브리티시 쇼트헤어의 대표적인 컬러는 블루지만 다른 컬러들도 존재한다. 크고 둥근 얼굴과 빵빵한 볼, 두툼한 머즐이 특징으로, 안전하고 조용한 삶을 선호하는 영국의 자연발생 고양이이다.

털빠짐
적다

걸리기 쉬운 질병
HCM 유전 질환

care data

초보자가
기르기 쉽다

건강관리가
쉽다

사회성이
많다

피모 손질이
쉽다

교육이 가능한 산책 고양이

집고양이와 서벌 사이에서 태어난 고양이로, 2001년 정식 품종으로 인정받았다. 고양이 중 가장 큰 키를 가졌으며 가슴줄을 하고 산책이 가능하며 애교가 많고 무척 영리하다.

사바나캣은 까다로운 과정을 거쳐 태어나기 때문에 수가 많지 않으며 어떤 과정인지에 따라 f1부터 f5로 분류된다.

서벌캣. 사바나캣은 서벌캣과 샴 사이의 교배중이다.

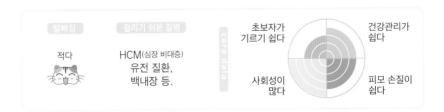

털빠짐 — 적다

걸리기 쉬운 질병 — HCM(심장 비대증) 유전 질환, 백내장 등.

care data

초보자가 기르기 쉽다

건강관리가 쉽다

사회성이 많다

피모 손질이 쉽다

샤트룩스

4~8kg

러시안 블루처럼 블루 컬러만 존재하는 프랑스의 귀공자

블루 컬러만 있는 프랑스 혈통의 고양이이다. 온화하고 조용한 성격을 가지고 있으며 털이 많이 빠지지 않아 키우기에 쉬운 편이다.

프랑스의 귀공자라고 불린 샤트룩스는 러시안 블루와 비슷해 보일지 모르지만 둥근 얼굴에 통통한 볼을 가지고 있으며 황색 눈동자가 특징인 단단한 체구의 고양이이다.

영리하고 조용하며 상냥한 성격이라 아이들과도 잘 지낼 수 있다.

털빠짐	걸리기 쉬운 질병	cafe data
적다	피부 질환, 요로결석	초보자가 기르기 쉽다 / 건강관리가 쉽다 / 사회성이 많다 / 피모 손질이 쉽다

샴
3~6kg

가장 온화하고 사랑 넘치는 고양이

고양이의 여왕이라는 별명을 가진 인기 고양이이다. 날씬한 몸에 사파이어 빛 눈동자가 특징으로, 수다쟁이에 호기심 많고 활발한 성격으로 반려인의 애정을 갈구한다. 어쩜 고양이들 중 가장 반려인에게 애정을 쏟는 고양이로 꼽을 수도 있을지 모른다.

태어날 때는 온몸이 흰색이지만 자라면서 양 귀끝과 네 발, 얼굴에 진한 포인트가 생기며 태국이 고향인 만큼 추위에 약하다.

라일락 포인트

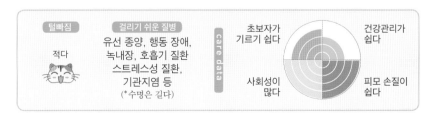

털빠짐	걸리기 쉬운 질병		
적다	유선 종양, 행동 장애, 녹내장, 호흡기 질환 스트레스성 질환, 기관지염 등 (*수명은 길다)		

care data

초보자가 기르기 쉽다
건강관리가 쉽다
사회성이 많다
피모 손질이 쉽다

라일락 포인트

셀커크 렉스

곱슬곱슬한 털이 매력

렉스라는 이름에서 짐작할 수 있듯이 곱슬곱슬한 털이 특징인 품종이다. 코니시 렉스, 데본 렉스에 비하면 추위에는 강하지만 털 관리가 만만하지 않으며 단모종뿐만 아니라 세미롱, 롱헤어 모두 존재한다.

세미롱과 롱헤어 역시 곱슬곱슬한 털을 가지고 있다.

털빠짐	걸리기 쉬운 질병	care data		
많다	PKP(다낭성 질환), – 심장에 동그랗게 수포가 차는 것.		초보자가 기르기 쉽다 / 사회성이 많다	건강관리가 쉽다 / 피모 손질이 쉽다

스코티시 폴드

Scottish Fold

4~7 kg

전 세계에서 사랑 받는 인기묘, 유전병 발현은 조심

폴드란 이름에서 알 수 있듯이 귀가 접혀 있으며 이 모습이 사랑스러워 최근 가장 인기 있는 품종묘이다.

둥근 얼굴과 통통한 뺨, 동그란 눈동자에 접힌 귀가 주는 매력을 무시할 수 있는 사람은 거의 없을 것이다. 납작한 얼굴에 동글동글한 눈, 통통한 체형에 접힌 귀의 사랑스러움으로 픽시, 아기곰 등의 별명을 가지고 있다.

스코티시 폴드라고 해서 모두 접힌 귀를 가지고 태어나는 것은 아니며 펴진 귀를 가진 고양이를 스코티시 스트레이트라고 부른다. 애교가 많고 안정된 성격에 사람과의 교감을 즐긴다.

연골에 이상이 있어 귀가 접혀지는 만큼 스코티시 폴드는 치명적인 유전병을 가지고 태어날 확률이 높아 주의가 필요하다. 골연골이형성증을 주의해야 한다. 다른 치료방법은 없으며 병이 악화되지 않도록 관리하는 방법이 최선인 상태이다.

뛰거나 점프하는 것을 싫어하거나 다리를 절룩거린다면 바로 검사를 받아봐야 한다.

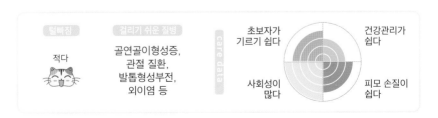

털빠짐	걸리기 쉬운 질병	care data
적다	골연골이형성증, 관절 질환, 발톱형성부전, 외이염 등	초보자가 기르기 쉽다 / 건강관리가 쉽다 / 사회성이 많다 / 피모 손질이 쉽다

스코티시 폴드 롱헤어

4~7 kg

스코티시 폴드의 깜찍한 외모에
롱헤어의 우아함을 더했다. 유전병 조심!

롱헤어 스코티시 폴드가 태어날 확률은 높지 않다. 세미롱 타입도 있으며 스코티시 폴드 중에서 돌연변이로 태어나는 만큼 스코티시 폴드의 성격과 유전병을 그대로 갖고 있다.

털빠짐	걸리기 쉬운 질병	care data	
많다	골연골이형성증, 관절 질환, 발톱형성부전, 외이염 등	초보자가 기르기 쉽다 · 사회성이 많다	건강관리가 쉽다 · 피모 손질이 쉽다

스핑크스

Sphynx

반려인 사랑이 지극한 희귀고양이. 피부 보호는 필수!

털이 없고 주름진 얼굴과 삼각형의 큰 귀는 ET처럼 보이게 하지만 사실 솜털이 몸을 덮고 있는 희귀고양이다.

몸을 보호할 수 있는 피모가 사실상 없기 때문에 실내에서만 길러야 하며 여린 피부는 섬세하게 관리해줘야 한다. 따라서 초보자가 쉽게 접근할 수 있는 고양이는 아니며 불독이나 퍼그처럼 스핑크스 역시 피부가 겹치는 부분은 섬세하게 닦아주며 관리해야 한다.

온순하고 영리하며 호기심도 왕성하고 반려인에게 상냥한 성격이다. 장난치다가 피부가 다칠 수도 있으므로 노는 방법도 주의해야 한다.

털빠짐	걸리기 쉬운 질병	care data
적다	피부 질환, 저체온증, 심장 질환	초보자가 기르기 쉽다 / 건강관리가 쉽다 / 사회성이 많다 / 피모 손질이 쉽다

아메리칸 쇼트헤어

American Shorthair

골뱅이 무늬로 특징 짓는 클래식 태비의 매력!

우리나라에서 손꼽히는 인기 고양이 중 하나이다. 클래식 태비가 보여주는 아름다움만큼이나 성격도 좋다. 자연발생 고양이로 길에서 쥐를 잡거나 사냥을 하며 놀았던 만큼 운동량이 상당하고 제대로 활동하지 못하면 스트레스를 받기 때문에 놀 수 있는 환경을 만들어주거나 같이 놀아주어야 한다.

보통 아메숏으로 많이 부르고 있으며 흔히 알고 있는 클래식 태비 외에도 매커럴 태비, 바이컬 태비, 스모크 태비 등 다양한 컬러를 가지고 있다.

초심자도 키우기 쉬운 고양이이다.

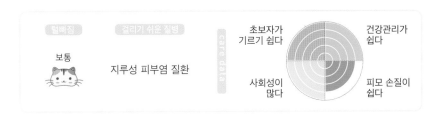

털빠짐	걸리기 쉬운 질병	care data
보통	지루성 피부염 질환	초보자가 기르기 쉽다 / 건강관리가 쉽다 / 사회성이 많다 / 피모 손질이 쉽다

교육이 가능한 또 다른 고양이

이마의 M자 무늬가 특징인 고양이로 이집트 벽화에 등장할 정도로 역사가 오래되었다.

뛰어난 운동신경을 보여주며 아기고양이 시절에는 장난꾸러기 개구쟁이지만 어른이 되면 얌전하고 조용한 고양이가 된다. 교육이 가능하다는 이야기가 나올 정도로 기억력이 좋고 반려인을 졸졸졸 쫓아다녀 고양이계의 강아지라고도 불린다.

3-Martin Bahmann

털빠짐	걸리기 쉬운 질병
보통	진행성 망막위축, 스트레스성 피부염

care data

초보자가 기르기 쉽다	건강관리가 쉽다
사회성이 많다	피모 손질이 쉽다

엑조틱 쇼트헤어

6~10kg

상냥하고 안기는 것을 좋아하는 페르시안 단모종

페르시안 단모종을 떠올리면 된다. 사람에게 안기는 것을 좋아하는 낙천적 성격의 고양이이다. 노는 것과 장난을 좋아하며 사람에게 말도 잘 거는 고양이이므로 잘 안겨주고 상냥한 고양이가 이상형인 사람에게 꼭 맞는 고양이이다.

하지만 미국에서 페르시안의 성격과 외모적 장점만 가진 쇼트헤어를 만들어낸 것이 엑조틱 쇼트헤어로 페르시안 고양이처럼 이 고양이 역시 비강이 짧아 호흡기 쪽이 약하다. 엑조틱에게서 나타나는 질병으로 건강관리에 주의해야 할 내용은 페르시안 친칠라를 참고하면 된다.

털빠짐	걸리기 쉬운 질병	care data	
보통	피부 질환, 요로결석, 안과와 호흡기 질환	초보자가 기르기 쉽다	건강관리가 쉽다
		사회성이 많다	피모 손질이 쉽다

4~6 kg

오리엔탈 쇼트헤어

오리엔탈의 특징이 매력

영국에서 샴과 흰 고양이를 교배해 탄생시킨 고양이가 오리엔탈 쇼트헤어이다. 그럼에도 포인트 컬러를 제외한 대부분의 컬러를 피모로 가지고 있다.

가장 고양이다운 성격을 가진 고양이로 꼽히고 있으며 어리광이 많고 우아한 걸음걸이를 보여준다.

사람을 좋아하지만 예민하고 제멋대로인 성격도 가지고 있어 초심자가 도전하기엔 조금 버거울 수 있다.

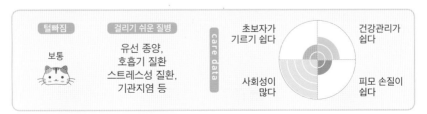

털빠짐	걸리기 쉬운 질병	care data	초보자가 기르기 쉽다	건강관리가 쉽다
보통	유선 종양, 호흡기 질환 스트레스성 질환, 기관지염 등		사회성이 많다	피모 손질이 쉽다

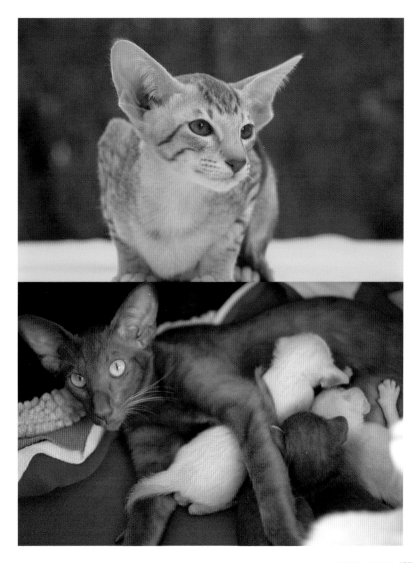

이집션 마우

4~6kg

Egyptian Mau

벵갈과는 비슷한 듯 다른 매력

실버와 브론즈, 스모크 스폿 컬러만 존재하는 이집션 마우는 유독 소음을 무서워한다. 섬세하고 겁이 많으며 스트레스에도 약하지만 반려인과의 놀이는 즐기는 고양이이다.

낯선 환경에 예민하게 반응하지만 익숙한 환경에는 활발한 활동을 보여주므로 여행 등을 이유로 집을 비우게 된다면 호텔링보다는 집으로 와 기본 케어를 해줄 사람을 찾는 것이 좋을 것이다.

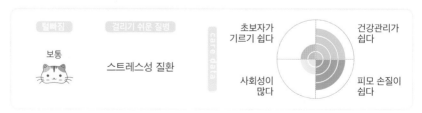

털빠짐: 보통

걸리기 쉬운 질병: 스트레스성 질환

care data
초보자가 기르기 쉽다
건강관리가 쉽다
사회성이 많다
피모 손질이 쉽다

터키시 앙고라

Turkish Angora

부드러운 화이트 세미헤어가 주는 극대의 아름다움

매우 가늘고 부드러운 화이트 세미헤어를 소유한 터키시 앙고라는 멸종 직전까지 갔다가 현재 오리엔탈 체형으로 살아난 인기종이다.

언더커버가 없기 때문에 털 관리는 비교적 쉬운 편이지만 세미헤어인 만큼 일주일에 최소 2회 정도의 빗질이 필요하다.

순백의 세미헤어가 우아한 분위기를 자아내는데 활발한 성격에 사람을 좋아하기 때문에 즐거운 가족이 되어줄 것이다.

털빠짐
많다

걸리기 쉬운 질병
모구증,
청각장애

care data

초보자가
기르기 쉽다

건강관리가
쉽다

사회성이
많다

피모 손질이
쉽다

고양이계의 귀부인이 별명

오랫동안 전 세계에서 사랑받는 대표적인 고양이다. 아름답고 풍성한 피모와 우아한 자태가 고양이계의 귀부인이란 별명을 갖게 했으며 얌전한 성격과 코비 체형이 갖는 동글동글한 얼굴은 친근감을 더해준다.

하루 한번 이상 부드럽게 빗질해주어야 하며 그렇게 해주지 않으면 털이 뭉쳐 피부에 좋지 않은 영향을 주게 된다. 또한 비강이 짧은 얼굴 구조는 호흡기 질환을 불러온다. 좀 더 자세한 내용은 페르시안 친칠라를 참고한다.

털빠짐	걸리기 쉬운 질병	care data
많다	심장질환(PKD), 눈병, 청각장애, 안과와 호흡기 질환, 간 질환, 결석, 방광염	초보자가 기르기 쉽다 / 건강관리가 쉽다 / 사회성이 많다 / 피모 손질이 쉽다

페르시안 친칠라

4~8kg

Persian Chinchilla

공식 종은 아니지만 사랑받는 고양이의 대명사

페르시안 중에서 실버나 골드 티핑이 있는 고양이를 페르시안 친칠라라고 한다. 완전한 독립종은 아니며 독립 품종으로 공인하는 곳도 몇 곳 있지만 보통은 페르시안의 한 컬러로 본다.

페르시안의 단두종은 비강이 짧아 비강 점막 면연체계가 발달이 덜되어 있기 때문에 기관지염이나 허피스 등 호흡기 질환을 조심해야 한다. 또한 유전병으로 다낭성 심장질환이 나타날 수 있다.

역시 하루 1번씩은 부드럽게 빗질을 해줘야만 피모를 건강하고 아름답게 관리할 수 있다.

 털빠짐

많다

걸리기 쉬운 질병

심장질환(PKD),
눈병, 청각장애,
안과와 호흡기 질환,
간 질환, 결석, 방광염

 care data

초보자가
기르기 쉽다

건강관리가
쉽다

사회성이
많다

피모 손질이
쉽다

애교 많고 사람이 좋은 우리나라 고양이

한국이 고향인 고양이들을 코숏이라고 한다. 미국이 고향인 고양이를 아메숏, 일본이 고향인 고양이들을 재팬숏이라고 하는 것과 같은 이치이다.

한국 고양이는 포인트 컬러를 제외한 대부분의 컬러 형태를 가지고 있으며 세미타입이다.

영리하고 활발하며 반려인에 대한 애정이 깊고 애교가 많을 뿐만 아니라 건강해 키우기 쉽다.

중국에서 경전을 들여올 때 경전을 지키게 할 목적으로 같이 데려온 것이 시초라고 한다.

최근에는 쉽게 고양이를 입양했다가 키우기 힘들다는 이유로 무분별한 파양이 많아지면서 유기묘가 된 품종묘들과 코숏 사이에서 믹스가 태어나 순수 혈통의 코숏은 점점 찾아보기 힘들게 되어가고 있다.

털빠짐
보통

걸리기 쉬운 질병
심장비대증

care data

초보자가 기르기 쉽다
건강관리가 쉽다
사회성이 많다
피모 손질이 쉽다

히말라얀

Himalayan

페르시안의 아름다움에 샴의 품위가 더해진 고양이

샴과 페르시안 사이에서 태어나 페르시안의 아름다운 롱헤어에 샴의 포인트 컬러와 푸른 눈이 아름다운 고양이이다.

성격도 물려받아 느긋하고 낙천적이며 반려인에게 지극한 애정을 쏟는다. 독립 품종으로 공인하는 단체도 있지만 포인트 컬러 페르시안으로 명명하는 단체도 있다.

페르시안의 롱헤어를 물려받은 만큼 정성스런 빗질을 필요로 한다.

털빠짐	걸리기 쉬운 질병	care data		
많다	심장질환(PKD), 눈병, 청각장애, 안과와 호흡기 질환, 간 질환, 결석, 방광염		초보자가 기르기 쉽다	건강관리가 쉽다
			사회성이 많다	피모 손질이 쉽다

이미지 저작권

참고 도서 및 사이트

《인기 고양 도감 48》 일동서원본사 편집부 지음 | 사쿠사 카즈마사 감수 | 강현정 옮김

《내 고양이 오래 살게 하는 50가지 방법》 우스키 아라타 지음 | 강현정 옮김

《고양이와 함께 하는 행복한 놀이 방법》 글레어 애로스미스 지음 | 강현정 옮김